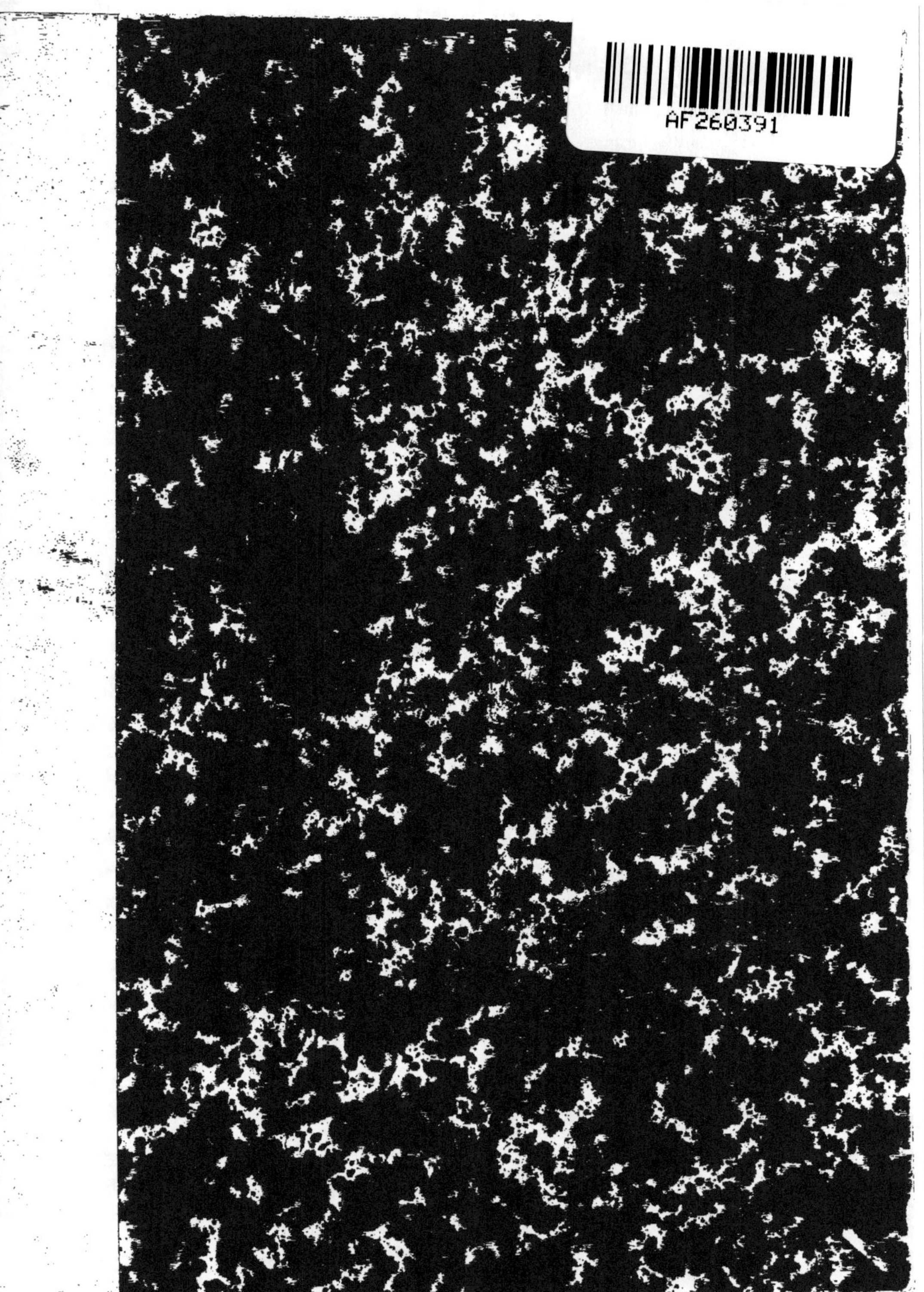

HORTICULTURE

VÉGÉTAUX

D'ORNEMENT

ATLAS ICONOGRAPHIQUE

PARIS. — IMPRIMERIE Vᵛᵉ P. LAROUSSE ET Cⁱᵉ

49, RUE NOTRE-DAME-DES-CHAMPS, 49

HORTICULTURE

VÉGÉTAUX

D'ORNEMENT

PAR MM.

A. DUPUIS

Professeur d'histoire naturelle,
ancien professeur de botanique et de sylviculture
à l'Institut agronomique de Grignon,
membre de plusieurs Académies
et Sociétés savantes, etc.

(*Pour la description et la culture particulière
à chaque plante d'ornement.*)

F. HÉRINCQ

Botaniste attaché au Muséum d'histoire naturelle,
rédacteur en chef de l'*Horticulteur français*,
auteur de plusieurs ouvrages d'horticulture,
membre de plusieurs Sociétés savantes,
etc.

(*Pour les notions générales d'horticulture
d'ornement.*)

DONNANT

DES NOTIONS GÉNÉRALES SUR L'HORTICULTURE FLORALE ;

LA CULTURE ET LA DESCRIPTION

PARTICULIÈRE A CHAQUE PLANTE D'ORNEMENT

ATLAS ICONOGRAPHIQUE

PARIS

ABEL PILON ET Cⁱᵉ, ÉDITEURS

33, RUE DE FLEURUS, 33

PLANTES ANNUELLES ET BISANNUELLES

POUR PLATES-BANDES.

———

1. — AGÉRATE BLEUE (*Ageratum cœruleum*), $^2/_3$ de grandeur naturelle ; *page 10 du texte*.

2. — MUFLIER (*Antirrhinum majus*), $^2/_3$ de grandeur naturelle ; *page 14*.

3. — CANTUA PEINT (*Cantua picta*), $^2/_3$ de grandeur naturelle ; *page 21*.

4. — CALCÉOLAIRE RUGUEUSE (*Calceolaria rugosa*), $^2/_3$ de grandeur naturelle ; *page 21*.

5. — BELLE DE JOUR (*Convolvulus tricolor*), $^2/_3$ de grandeur naturelle ; *page 32*.

Plantes annuelles et bisannuelles pour plates-bandes.

1. Agérate bleue
2. Muflier
5. Belle de jour
3. Cantua pictus
4. Calcéolaire rugueuse

PLANTES ANNUELLES ET BISANNUELLES

POUR PLATES-BANDES.

1. — COREOPSIS ÉLÉGANT ou DES TEINTURIERS (*Coreopsis elegans*), $^1/_2$ de grandeur naturelle ; *page 33*.

2. — ZINNIA ÉLÉGANT ou A GRANDES FLEURS (*Zinnia elegans*), $^1/_2$ de grandeur naturelle ; *page 83*.

3. — AMARANTE A QUEUE DE RENARD (*Amarantus caudatus*), $^1/_2$ de grandeur naturelle ; *page 12*.

4. — BELLE DE NUIT (*Nyctago hortensis. Mirabilis Jalapa*), $^1/_2$ de grandeur naturelle ; *page 62*.

5. — BALSAMINE DES JARDINS (*Balsamina hortensis. Impatiens balsamina*), $^1/_2$ de grandeur naturelle ; *page 49*.

Plantes annuelles ou bisannuelles pour plates bandes.

1. Coreopsis elegans   3. Amaranthe à queue de Renard
2. Zinnia elegans   4. Belle de nuit.
5. Balsamine des jardins.

PLANTES ANNUELLES ET BISANNUELLES

POUR PLATES-BANDES.

1. — SILÈNE A BOUQUET (*Silene armeria*), $^2/_3$ de grandeur naturelle ; *page* 75.

2. — OENOTHÈRE POURPRE (*OEnothera purpurea*), $^2/_3$ de grandeur naturelle ; *page* 63.

3. — REINE MARGUERITE ou ASTÈRE DE CHINE (*Aster Sinensis*), $^2/_3$ de grandeur naturelle ; *page* 16.

4. — SAINFOIN D'ESPAGNE ou SAINFOIN A BOUQUET (*Hedysarum coronarium*), $^2/_3$ de grandeur naturelle ; *page* 46.

5. — LUPIN ANNUEL, PETIT BLEU ou VARIÉ (*Lupinus varius*), $^2/_3$ de grandeur naturelle ; *page* 53.

Plantes annuelles et vivaces pour plates-bandes.

1. Silène armeria.   3. Reine marguerite.
2. Oenothère pourpre.   4. Lupin d'Espagne.
3. Lupin annuel.

PLANTES ANNUELLES ET BISANNUELLES

POUR PLATES-BANDES.

1. — BARTONIE DORÉE (*Bartonia aurea*), $^2/_3$ de grandeur naturelle ; *page* 18.

2. — OEILLET DE CHINE (*Dianthus Sinensis*), $^2/_3$ de grandeur naturelle ; *page* 37.

3. — ESCHOLTZIE DE CALIFORNIE (*Escholtzia Californica*), $^2/_3$ de grandeur naturelle ; *page* 40.

4. — AMARANTOIDE ou IMMORTELLE VIOLETTE (*Gomphrena globosa*), $^2/_3$ de grandeur naturelle ; *page* 45.

5. — PERSICAIRE INDIGOTIÈRE ou DES TEINTURIERS (*Polygonum tinctorium*), $^2/_3$ de grandeur naturelle ; *page* 69.

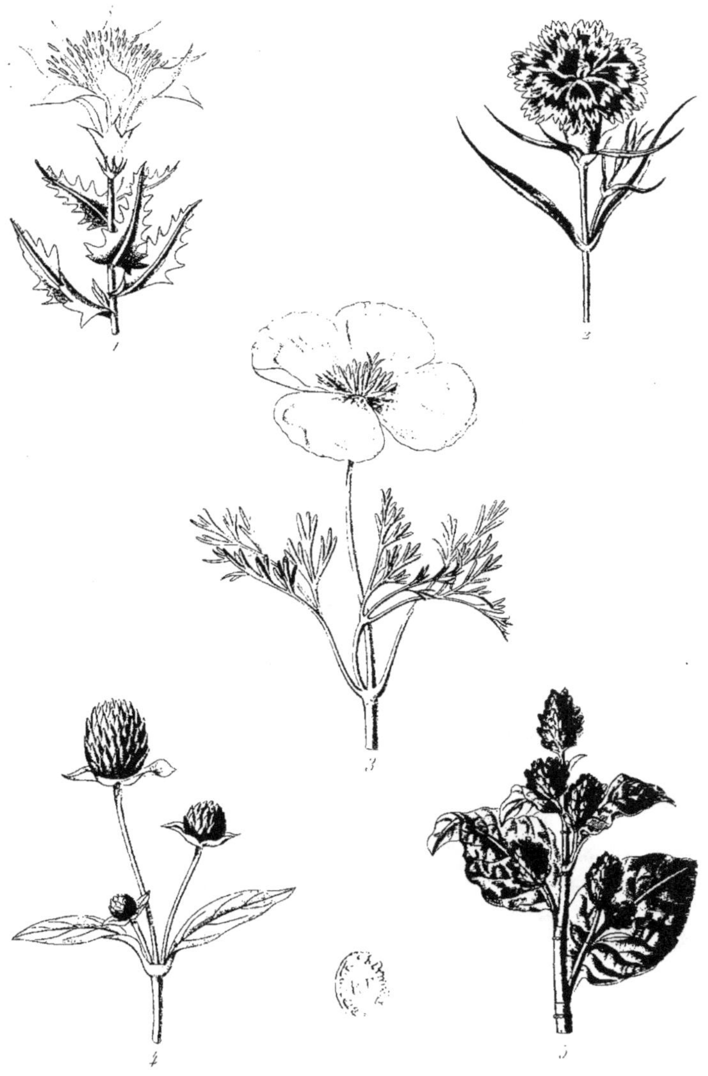

Martinet pinx.

Lebreau sculp.

PLANTES ANNUELLES ET BISANNUELLES

POUR PLATES-BANDES.

1. — CACALIE A FEUILLES HASTÉES (*Cacalia sagittata*), $^2/_3$ de grandeur naturelle ; *page* 20.

2. — SCABIEUSE (*Scabiosa atropurpurea*), $^2/_3$ de grandeur naturelle ; *page* 73.

3. — SOUCI DES JARDINS (*Calendula officinalis*), $^2/_3$ de grandeur naturelle ; *page* 22.

4. — SALPIGLOSSIS VARIABLE (*Salpiglossis sinuata*), $^2/_3$ de grandeur naturelle ; *page* 71.

5. — RHODANTHE DE MANGLES (*Rhodanthe Manglesii*), $^2/_3$ de grandeur naturelle ; *page* 70.

Maubert pinx.t

Lebrun sculp.

PLANTES ANNUELLES ET BISANNUELLES

POUR PLATES-BANDES.

1. — THLASPI A OMBELLE ou IBÉRIDE (*Iberis umbellata*), $^2/_3$ de grandeur naturelle; *page* 48.

2. — CALANDRINE EN OMBELLE (*Calandrinia umbellata*), $^2/_3$ de grandeur naturelle ; *page* 20.

3. — COQUELOURDE ou LYCHNIDE ROSE DU CIEL. *Lychnis cœli rosa*), $^2/_3$ de grandeur naturelle ; *page* 82.

4. — HÉLICHRYSE A BRACTÉES (*Helichrysum bracteatum*), $^2/_3$ de grandeur naturelle ; *page* 47.

5. — NIGELLE D'ESPAGNE (*Nigella Hispanica*), $^2/_3$ de grandeur naturelle ; *page* 62.

Plantes annuelles et bisannuelles pour plates-bandes.

1. Ibéris en ombelle   3. Coquelourde rose du ciel.
2. Lavandine en ombelle   4. Hélychrise à bractées.
5. Nigelle d'Espagne.

PLANTES ANNUELLES ET BISANNUELLES

POUR PLATES-BANDES.

---

1. — PÉTUNIE ODORANT (*Petunia nyctaginiflora*), $^2/_3$ de grandeur naturelle ; *page* 67.

2. — GIROFLÉE DES JARDINS ou RAVENELLE (*Cheiranthus cheiri*), $^2/_3$ de grandeur naturelle ; *page* 27.

3. — CLARKIE A FEUILLES DÉCOUPÉES (*Clarkia pulchella*), $^2/_3$ de grandeur naturelle ; *page* 30.

4. — LAVATÈRE A GRANDES FLEURS (*Lavatera trimestris*), $^2/_3$ de grandeur naturelle ; *page* 51.

5. — MALOPE A TROIS LOBES (*Malope trifida*), $^2/_3$ de grandeur naturelle ; *page* 55.

Plantes annuelles et bisannuelles pour plates-bandes

1. Pétunia nyctaginiflora   3. Clarkie à f.lles découpées
2. Giroflée des jardins   4. Lavatère à g.des fleurs
5. Malope à 3 lobes

PLANTES ANNUELLES ET BISANNUELLES

POUR PLATES-BANDES.

1. — XÉRANTHÈME ANNUELLE (*Xeranthemum annuum*), $^2/_3$ de grandeur naturelle ; *page* **83**.

2. — SÉNEÇON ÉLÉGANT (*Senecio elegans*), $^2/_3$ de grandeur naturelle ; *page* **75**.

3. — PAVOT DOUBLE ou DES JARDINS (*Papaver somniferum*), $^2/_3$ de grandeur naturelle ; *page* **66**.

4. — OEILLET D'INDE ÉTALÉ (*Tagetes patula*), $^2/_3$ de grandeur naturelle ; *page* **78**.

5. — PENSÉE (*Viola tricolor*), $^2/_3$ de grandeur naturelle ; *page* **81**.

Plantes annuelles et bisannuelles pour plates-bandes

1. Xéranthème annuelle   3. Pavot double.
2. Sanvtia élégant   4. Œillet d'Inde étalé
5. Pensée

PLANTES POUR BORDURES

1. — ALYSSE CORBEILLE D'OR (*Alyssum saxatile*), $^2/_3$ de grandeur naturelle ; *page* 86.

2. — BRUNELLE A GRANDES FLEURS (*Brunella grandiflora*), $^2/_3$ de grandeur naturelle ; *page* 88.

3. — OREILLE D'OURS (*Primula auricula*), $^2/_3$ de grandeur naturelle ; *page* 100.

4. — PRIMEVÈRE (*Primula veris*). $^2/_3$ de grandeur naturelle ; *page* 100.

5. — PAQUERETTE (*Bellis perennis*), $^2/_3$ de grandeur naturelle ; *page* 88.

Plantes pour bordures.

1. Alysse corbeille d'or.   3. Oreille d'ours.
2. Brunette à gdes fleurs.   4. Primevère.
5. Pâquerette

PLANTES POUR BORDURES

1. — JULIENNE ou GIROFLÉE DE MAHON (*Hesperis maritima. Cheiranthus maritimus*), $^2/_3$ de grandeur naturelle; *page* 93.

2. — AUBRIÉTIE DELTOIDE (*Aubrietia deltoïdea*), $^2/_3$ de grandeur naturelle; *page* 87.

3. — SCHIZANTHE A FEUILLES PENNÉES (*Schizanthus pinnatus*), $^2/_3$ de grandeur naturelle; *page* 102.

4. — THLASPI VIVACE ou IBÉRIDE DE PERSE (*Iberis semperflorens*), $^2/_3$ de grandeur naturelle; *page* 93.

5. — STATICÉ GAZON D'OLYMPE (*Statice*), $^2/_3$ de grandeur naturelle; *page* 155.

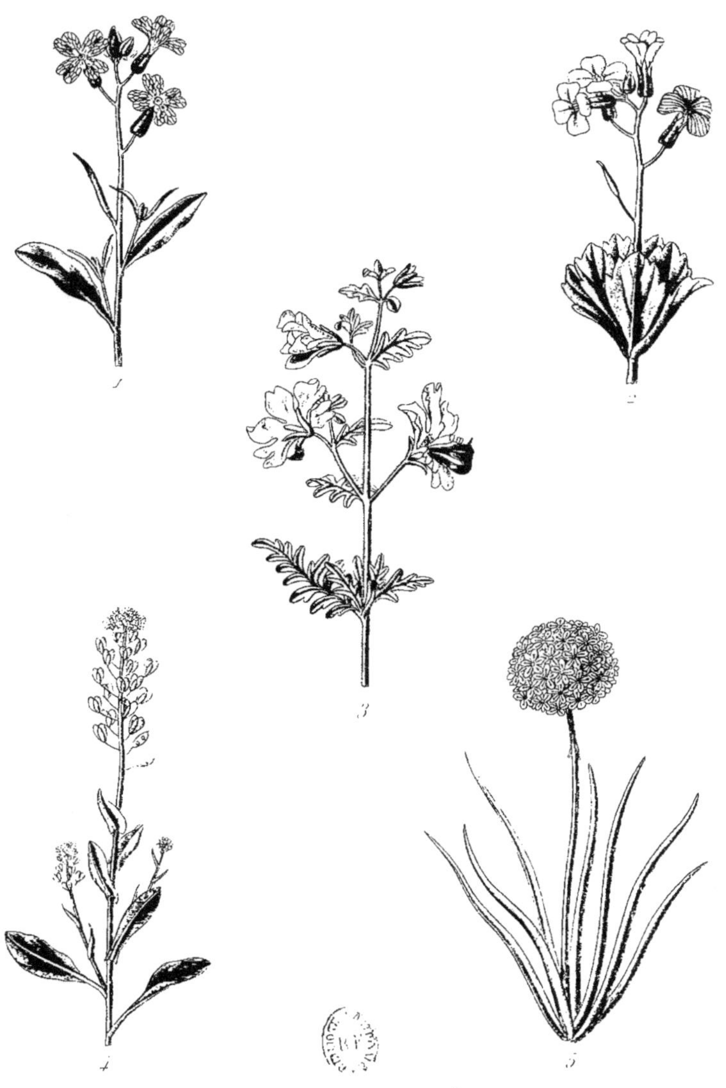

_Plantes pour bordure.

1. Julienne de Mahon. 3. Schizanthe à f.^{lles} pinnées.
2. Aubrietia deltoïdea. 4. Thlaspi vivace.
5. Statice gazon d'Olympe.

PLANTES POUR BORDURES

1. — HÉLIANTHÈMES (*Helianthemum vulgare*), $^2/_3$ de grandeur naturelle; *page* 92.

2. — CORYDALE JAUNE (*Corydalis lutea*), $^2/_3$ de grandeur naturelle; *page* 89.

3. — LINAIRE BIPARTITE (*Linaria bipartita*), $^2/_3$ de grandeur naturelle; *page* 95.

4. — SILÈNE A FLEURS ROSES (*Silene bipartita*), $^2/_3$ de grandeur naturelle; *page* 102.

5. — OXALIS DE DEPPE (*Oxalis Deppei*), $^2/_3$ de grandeur naturelle; *page* 95.

Plantes pour bordures.

1. Hélianthèmes.   3. Linaire bipartite.
2. Corydale jaune.   4. Silène à fleurs roses.
5. Oxalis de Deppe.

PLANTES POUR BORDURES

1. — NÉMOPHILE REMARQUABLE (*Nemophila insignis*), $\frac{1}{2}$ de grandeur naturelle; *page* 97.

2. — LEPTOSIPHON A FLEURS D'ANDROSACE (*Leptosiphon androsaceus*), $\frac{1}{2}$ de grandeur naturelle ; *page* 94.

3. — PIED D'ALOUETTE NAIN (*Delphinium Ajacis*), $\frac{1}{2}$ de grandeur naturelle ; *page* 89.

4. — CRÉPIDE ROSE (*Crepis rubra. Barkhausia rubra*), $\frac{1}{2}$ de grandeur naturelle ; *page* 89.

5. — POURPIER A GRANDES FLEURS (*Portulaca grandiflora*), $\frac{1}{2}$ de grandeur naturelle ; *page* 99.

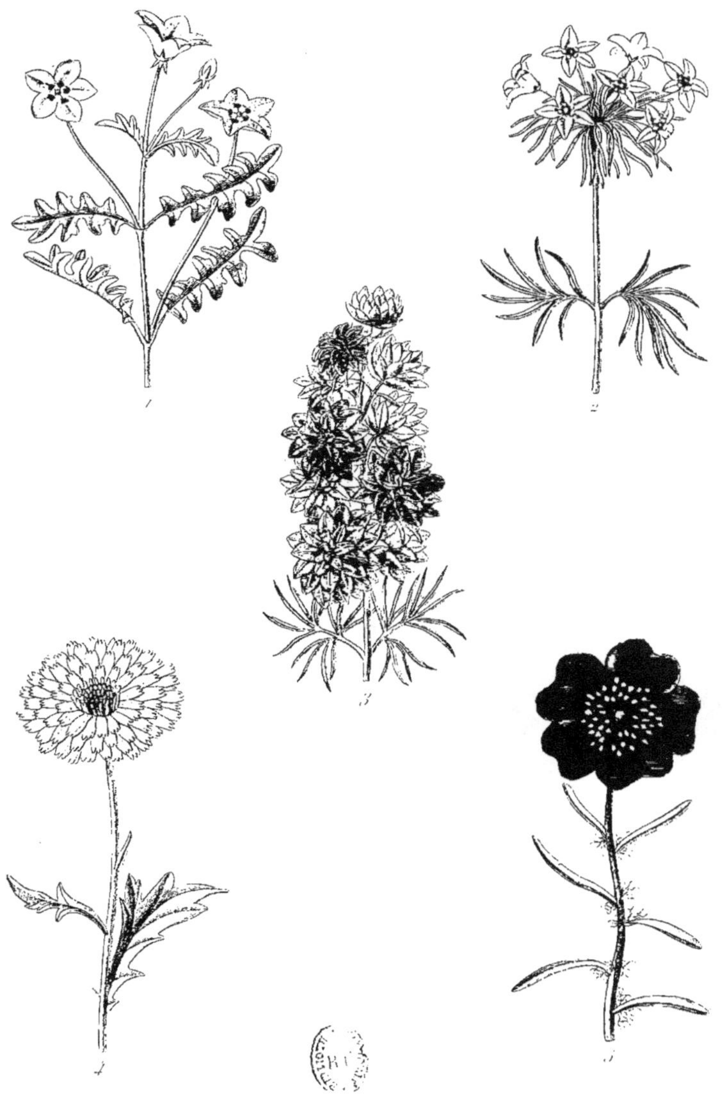

Plantes pour bordures

1. Hemiptelea remarquable.   3. Pied d'Alouette nain.
2. Leptosiphon androsaceus. 4. Crepis rose.
5. Portulaca grandiflora.

PLANTES VIVACES

DE PLEINE TERRE.

1. — DRACOCÉPHALE DE VIRGINIE (*Dracocephalum Virginianum*), $^2/_3$ de grandeur naturelle ; *page* 126.

2. — LOBÉLIE CARDINALE (*Lobelia cardinalis*), $^2/_3$ de grandeur naturelle ; *page* 136.

3. — VÉRONIQUE A ÉPI (*Veronica spicata*), $^2/_3$ de grandeur naturelle ; *page* 159.

4. — POLÉMOINE BLEUE ou VALÉRIANE GRECQUE (*Polemonium cœruleum*), $^2/_3$ de grandeur naturelle ; *page* 148.

5. — ALSTRÉMÈRE (*Alstrœmeria psittacina*), $^2/_3$ de grandeur naturelle ; *page* 107.

> Bien qu'appartenant à une famille qui renferme beaucoup de plantes bulbeuses, l'Alstrémère a des racines tubéreuses comme le dahlia, la renoncule, l'anémone ; c'est ce qui nous la fait ranger parmi les plantes vivaces de pleine terre.

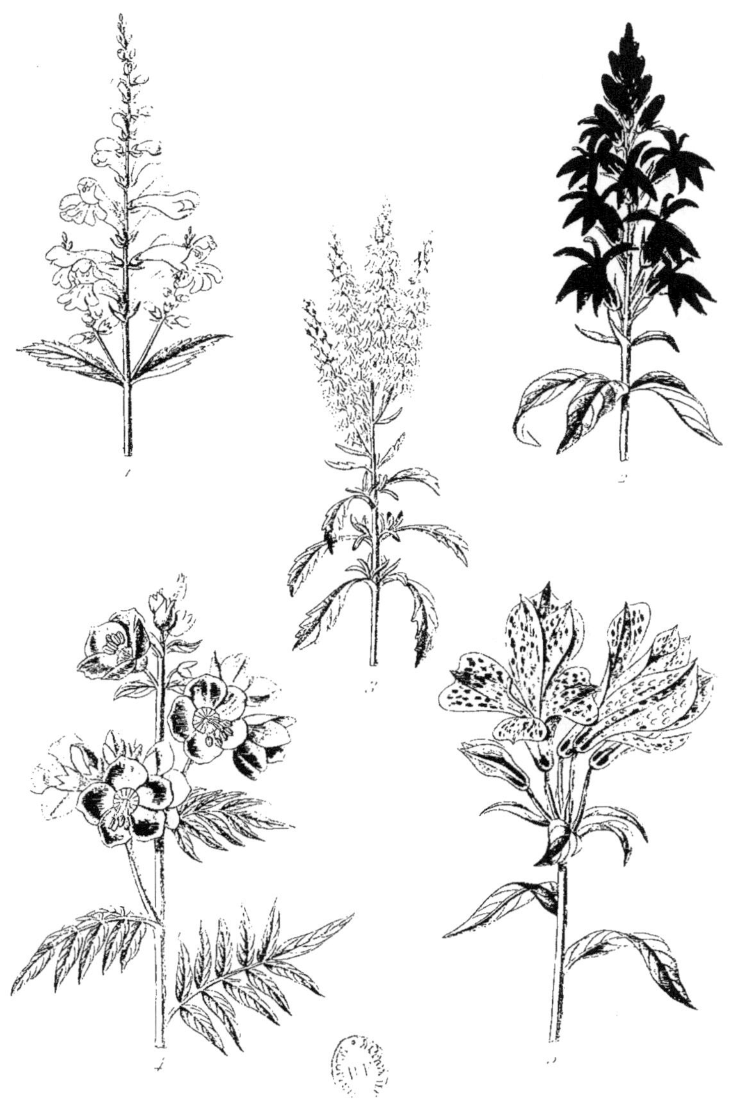

PLANTES VIVACES

DE PLEINE TERRE

Raubert pinx.   Lebrun sculp.

PLANTES VIVACES

DE PLEINE TERRE.

— — — · · — — — — —

1. — CHIRONIE A FEUILLES EN CROIX (*Chironia decussata*),
$^2/_3$ de grandeur naturelle ; *page* 117.

2. — ASTÈRE OEIL DU CHRIST (*Aster amellus. A. Oculus Christi*),
$^2/_3$ de grandeur naturelle ; *page* 112.

3. — STÉVIE POURPRE (*Stevia purpurea*), $^2/_3$ de grandeur naturelle;
page 156.

4. — GAILLARDE VIVACE (*Gaillardia perennis*), $^2/_3$ de grandeur
naturelle ; *page* 129.

5. — ANÉMONE DU JAPON (*Anemone Japonica. Clematis polypetala*),
$^2/_3$ de grandeur naturelle ; *page* 109.

Plantes vivaces de pleine terre
1. Lhienne à f.lles en cœur   3. Stevia pourpre
2. Astère œil de Christ   4. Gaillarde vivace
5. Anémone du Japon.

PLANTES VIVACES

DE PLEINE TERRE.

---

1. — ANCOLIE DE SKINNER (*Aquilegia Skinneri*), $\frac{2}{3}$ de grandeur
naturelle ; *page 111.*

2. — FUCHSIA ÉCARLATE (*Fuchsia coccinea*), $\frac{2}{3}$ de grandeur naturelle ; *page 128.*

> Nous rangeons dans ce livre, au point de vue de la culture d'orne-
> ment , le Fuchsia parmi les végétaux vivaces, parce qu'on le
> cultive aujourd'hui comme tel au moyen de boutures ; autrement
> cette plante appartiendrait aux arbustes.

3. — CINÉRAIRE VARIÉTÉ PERFECTION (*Cineraria cruenta*), $\frac{2}{3}$ de
grandeur naturelle ; *page 119.*

4. — OEILLET DES FLEURISTES (*Dianthus caryophyllus*), $\frac{2}{3}$ de
grandeur naturelle ; *page 123.*

5. — VERVEINE A FEUILLES DE CHAMÆDRYS (*Verbena chamæ-
drifolia*), $\frac{2}{3}$ de grandeur naturelle : *page 158*

Plantes vivaces de pleine terre.

1. Ancolie de Skinner   3. Cinéraire var. Perfection
2. Fuchsia coccinea   4. Oeillet des fleuristes
          5. Verveine à f.ᵉˢ de Chamaedrys

PLANTES VIVACES DE PLEINE TERRE

1. — POTENTILLE AGRÉABLE (*Potentilla amœna*), $^2/_3$ de grandeur naturelle ; *page* 148.

2. — BARBEAU VIVACE ou CENTAURÉE DE MONTAGNE (*Centaurea montana*), $^2/_3$ de grandeur naturelle ; *page* 116.

3. — MIMULE MUSQUÉ (*Mimulus moschatus*), $^2/_3$ de grandeur naturelle ; *page* 139.

4. — SAXIFRAGE DE SIBÉRIE (*Saxifraga crassifolia*), $^2/_3$ de grandeur naturelle ; *page* 242.

5. — LYCHNIDE DE CHALCÉDOINE (*Lychnis Chalcedonica*), $^2/_3$ de grandeur naturelle ; *page* 137.

Jaubert pinx.   Lebrun sculp.

PLANTES VIVACES DE PLEINE TERRE

1. — PRIMEVÈRE DE CHINE (*Primula Sinensis*), $^2/_3$ de grandeur naturelle ; *page 149.*

2. — CYCLAMEN D'EUROPE (*Cyclamen Europæum*), $^2/_3$ de grandeur naturelle ; *page 120.*

3. — SAUGE CARDINALE (*Salvia cardinalis, Salvia fulgens*), $^2/_3$ de grandeur naturelle ; *page 152.*

4. — DAHLIA (*Dahlia variabilis*), $^1/_2$ de grandeur naturelle ; *page 121.*

5. — CHRYSANTHÈME DES JARDINS (*Chrysanthemum Indicum*), $^1/_2$ de grandeur naturelle ; *page 118.*

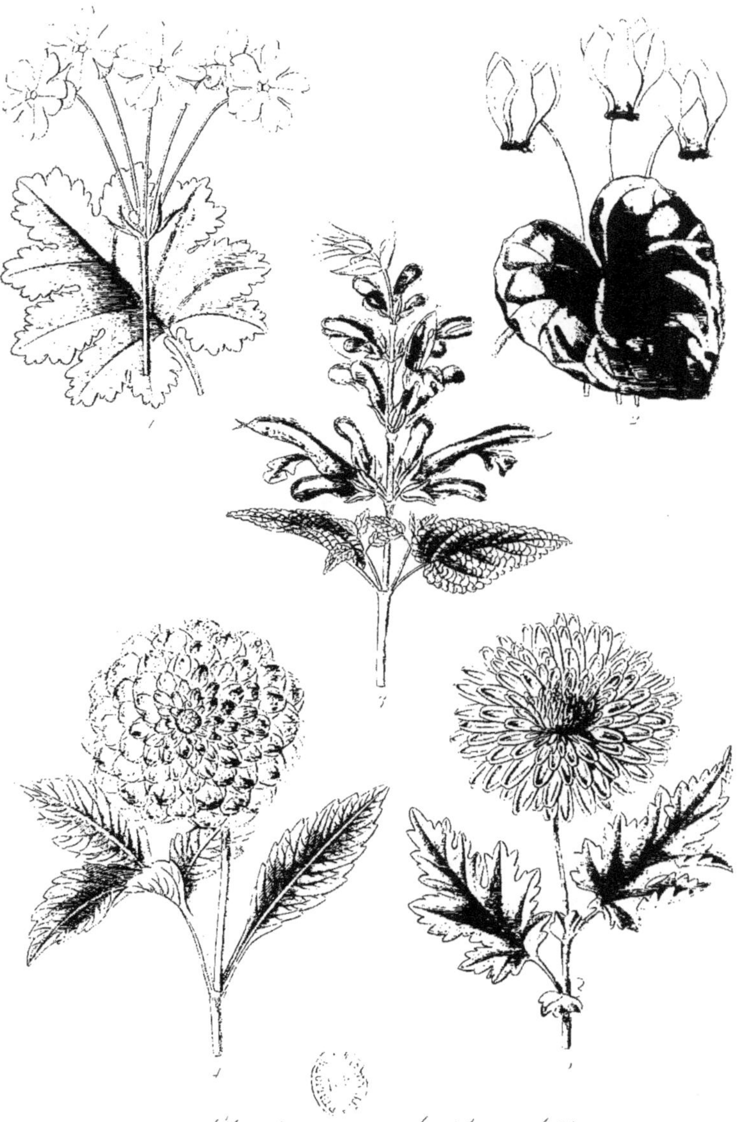

Plantes vivaces de pleine terre.

1. Primevère de Chine   3. Sauge cardinale
2. Cyclamen d'Europe   4. Dahlia
5. Chrysanthème des jardins

PLANTES BULBEUSES

1. — PERCE-NEIGE, GALANT DES NEIGES (*Galanthus nivalis*), $^2/_3$ de grandeur naturelle ; *page* 174.

2. — MUGUET (*Convallaria maialis*), $^2/_3$ de grandeur naturelle ; *page* 170.

3. — AIL MOLY ou DORÉ (*Allium moly*), $^2/_3$ de grandeur naturelle ; *page* 162.

4. — SCILLE A DEUX FEUILLES (*Scilla bifolia*), $^2/_3$ de grandeur naturelle ; *page* 187.

5. — SCILLE PENCHÉE ou PETITE JACINTHE (*Scilla nutans*, *Agraphis patula*), $^2/_3$ de grandeur naturelle ; *page* 188.

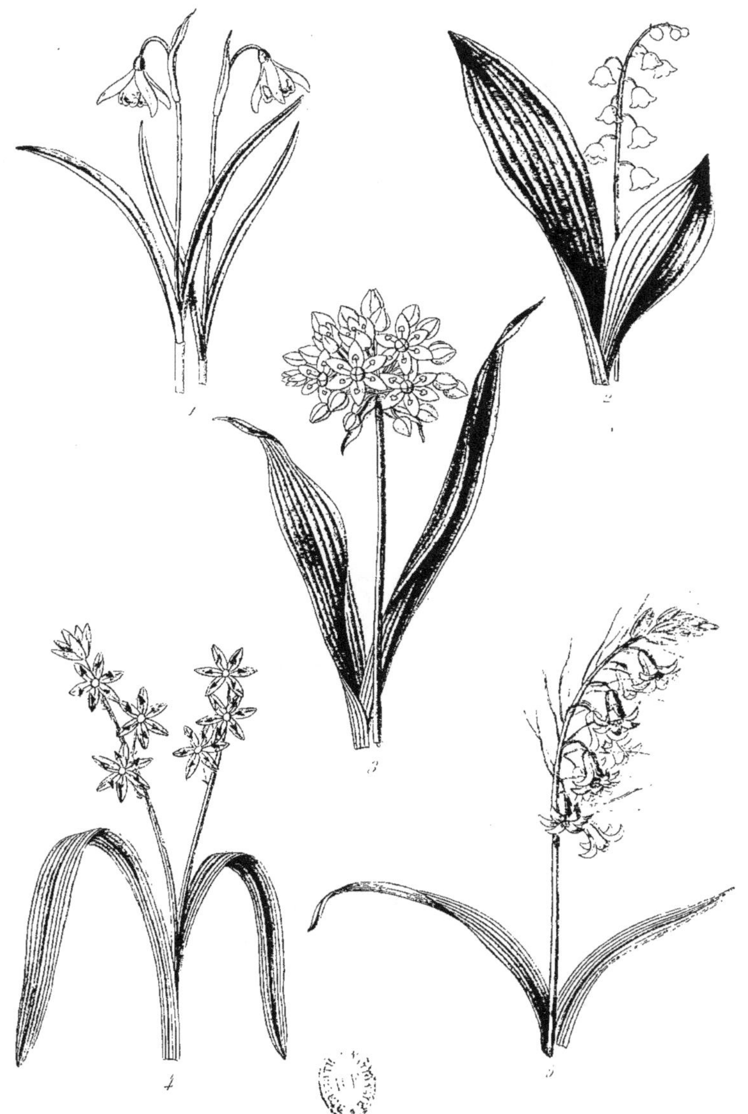

Plantes bulbeuses

PLANTES BULBEUSES

1. — GLAIEUL CARDINAL (*Gladiolus cardinalis*), $^1/_3$ de grandeur naturelle ; *page* 174.

2. — CROCUS DES FLEURISTES ou SAFRAN PRINTANIER (*Crocus vernus*), $^1/_3$ de grandeur naturelle ; *page* 171.

3. — LIS DE SAINT-JACQUES ou AMARYLLIS SUPERBE (*Amaryllis formosissima*), $^1/_2$ de grandeur naturelle ; *page* 164.

4. — AMARYLLIS BELLADONE (*Amaryllis belladona*), $^1/_2$ de grandeur naturelle ; *page* 164.

5. — LIS SUPERBE (*Lilium superbum*), $^1/_2$ de grandeur naturelle ; *page* 181.

Plantes bulbeuses

1. Glaïeul cardinal   3._Lis St.Jacques.
2. Crocus vernus. 4. Amaryllis belladonne.
5._Lis superbe.

PLANTES BULBEUSES

1. — JACINTHE (*Hyacinthus orientalis*), $^2/_3$ de grandeur naturelle ; *page* 177.

2. — MUSCARI CHEVELU (*Muscari comosum*), $^2/_3$ de grandeur naturelle ; *page* 183.

3. — IRIS XIPHIOIDE ou D'ANGLETERRE (*Iris xiphioïdes*), $^2/_3$ de grandeur naturelle ; *page* 177.

4. — COLCHIQUE D'AUTOMNE (*Colchicum autumnale*), $^2/_3$ de grandeur naturelle ; *page* 170.

5. — TULIPE SAUVAGE (*Tulipa sylvestris*), $^2/_3$ de grandeur naturelle ; *page* 193.

Jacinthe odorante.

PLANTES BULBEUSES

1. — NARCISSE DES POÈTES (*Narcissus poeticus*), $^2/_3$ de grandeur naturelle ; *page* 183.

2. — JONQUILLE (*Narcissus Jonquilla*), $^1/_2$ de grandeur naturelle ; *page* 184.

3. — IRIS XIPHION ou D'ESPAGNE (*Iris xiphium*), $^1/_2$ de grandeur naturelle ; *page* 178.

4. — LIS ORANGÉ (*Lilium croceum*), $^1/_2$ de grandeur naturelle ; *page* 181.

5. — LIS MARTAGON (*Lilium martagon*), $^1/_2$ de grandeur naturelle ; *page* 182.

Plantes bulbeuses.
1. Narcisse des poètes   3. Iris Xiphium
2. Jonquille   4. Lis Orangé
5. Lis Martagon

PLANTES AQUATIQUES

1. — SAGITTAIRE (*Sagittaria sagittifolia*), $^1/_2$ de grandeur naturelle; *page* 209.

2. — PLANTAIN D'EAU (*Alisma plantago*), $^1/_2$ de grandeur naturelle;
page 197.

3. — NÉNUPHAR BLANC ou LIS D'ÉTANG (*Nymphœa alba*),
$^1/_3$ de grandeur naturelle; *page* 205.

4. — BUTOME ou JONC FLEURI (*Butomus umbellatus*), $^1/_2$ de grandeur naturelle; *page* 198.

5. — IRIS DES MARAIS (*Iris pseudo-acorus*), $^1/_3$ de grandeur naturelle; *page* 202.

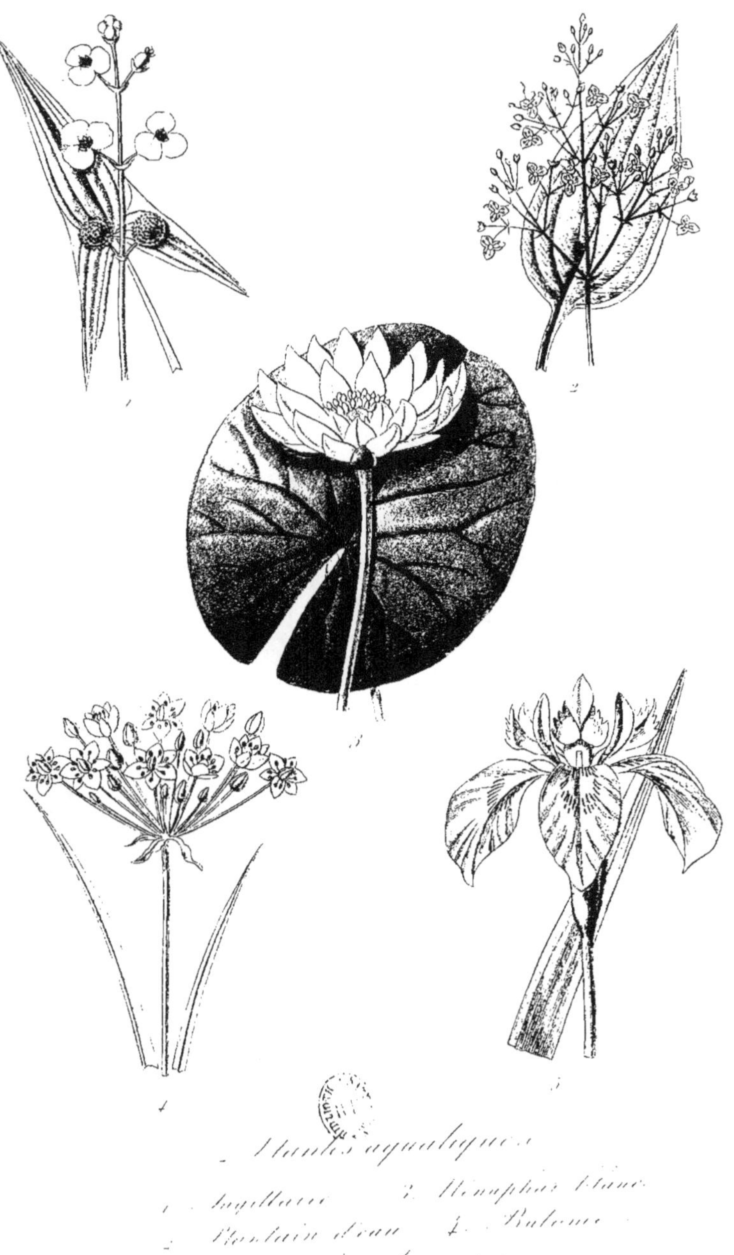

Plantes aquatiques.

1. Sagittaire   2. Nénuphar blanc
3. Plantain d'eau   4. Butome
5. Iris des marais

PLANTES AQUATIQUES

---

1. — RENONCULE LANGUE (*Ranunculus lingua*), $^1/_2$ de grandeur naturelle ; *page* 207.

2. — TRÈFLE D'EAU (*Menyanthes trifoliata*), $^1/_2$ de grandeur naturelle ; *page* 204.

3. — CALTHA DES MARAIS ou SOUCI D'EAU (*Caltha palustris*), $^1/_2$ de grandeur naturelle ; *page* 198.

4. — MASSETTE ou ROSEAU DES ÉTANGS (*Typha latifolia*), $^1/_3$ de grandeur naturelle ; *page* 211.

5. — SALICAIRE (*Lythrum salicaria, Salicaria vulgaris*), $^1/_2$ de grandeur naturelle ; *page* 203.

Plantes aquatiques.

1 Renoncule langue.   3 Caltha des marais.
2 Crête d'eau.   4 Massette.
            5 Salicaire.

PLANTES AQUATIQUES.

1. — MYOSOTIS DES MARAIS (*Myosotis palustris*), $\frac{1}{2}$ de grandeur naturelle; *page* 204.

2. — PHALARIS RUBANÉ ou RUBAN DE BERGÈRE (*Phalaris arundinacea*), $\frac{1}{2}$ de grandeur naturelle; *page* 206.

3. — RENOUÉE AMPHIBIE (*Polygonum amphibium*), $\frac{1}{2}$ de grandeur naturelle; *page* 207.

4. — ÉPILOBE VELU (*Epilobium hirsutum*), $\frac{1}{2}$ de grandeur naturelle; *page* 200.

5. — HOTTONIE DES MARAIS (*Hottonia palustris*), $\frac{1}{2}$ de grandeur naturelle; *page* 201.

Plantes aquatiques.

1. Myosotis des marais   3. Renouée amphibie
2. Phalaris rubané   4. Épilobe velu
5. Hottonie des marais

PLANTES GRIMPANTES.

Plantes grimpantes.

1. Lophospermum à fl. roses.　3. Clématite à fl. bleues.
2. Maurandie de Barclay.　　4. Passiflore à fl. bleues.
5. Calystégie à fl. doubles.

PLANTES GRIMPANTES.

Plantes grimpantes.

1. Rose de Banks.   3. Glycine de Chine
2. Pois de senteur.   4. Chèvrefeuille
5. Cobéa grimpant

PLANTES GRIMPANTES.

1. — THUNBERGIE AILÉE (*Thumbergia alata*), $^1/_2$ de grandeur naturelle; *page* 233.

2. — VOLUBILIS (*Ipomœa purpurea. Convolvulus mutabilis*), $^1/_2$ de grandeur naturelle; *page* 224.

3. — TECOMA ou JASMIN DE VIRGINIE (*Tecoma radicans*) $^2/_3$ de grandeur naturelle; *page* 232.

Plantes grimpantes

PLANTES GRASSES.

1. — CRASSULE SPATULÉE (*Crassula spatulata*), $^1/_2$ de grandeur naturelle; *page* 238.

2. — ROCHÉA A FEUILLES EN FAUX (*Rochea falcata*), $^1/_2$ de grandeur naturelle; *page* 241.

3. — CIERGE MAGNIFIQUE (*Cereus speciosissimus. Cactus*), $^1/_3$ de grandeur naturelle; *page* 236.

4. — ÉPIPHYLLE D'ACKERMANN (*Epiphyllum Ackermanni*), $^1/_2$ de grandeur naturelle; *page* 239.

5. — CIERGE FOUET (*Cereus. Cactus flagelliformis*), $^1/_2$ de grandeur naturelle; *page* 236.

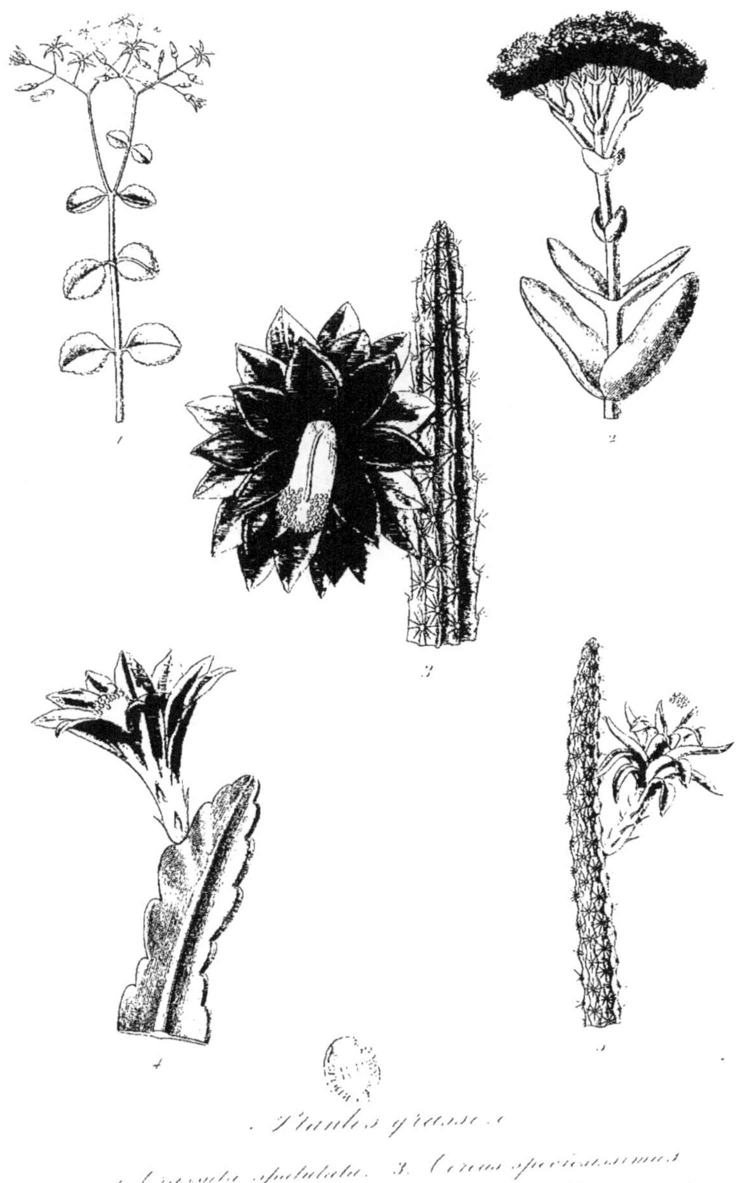

Plantes grasses.

1. Crassula spatulata. 3. Cereus speciosissimus.
2. Rochea falcata. 4. Epiphyllum Ackermanni.
5. Cereus flagelliformis.

ARBRES.

Arbres.

1. Marronnier d'Inde   3 Cytise des Alpes
2. Cèdre de l'Inde   4. Catalpa
5. Paulownia imperialis

ARBRES.

1. — ROBINIER A FLEURS ROSES (*Robinia viscosa*), $^1/_3$ de grandeur naturelle ; *page* **289**.

2. — TULIPIER (*Liriodendron tulipifera*), $^1/_3$ de grandeur naturelle ; *page* **277**.

3. — PAVIA A FLEURS ROUGES (*Pavia rubra. Æsculus pavia*), $^1/_3$ de grandeur naturelle ; *page* **283**.

4. — PAVIA JAUNE (*Pavia lutea. Pavia flava*), $^1/_3$ de grandeur naturelle ; *page* **283**.

5. — MARRONNIER A FLEURS ROUGES (*Æsculus rubicunda*), $^1/_3$ de grandeur naturelle ; *page* **248**.

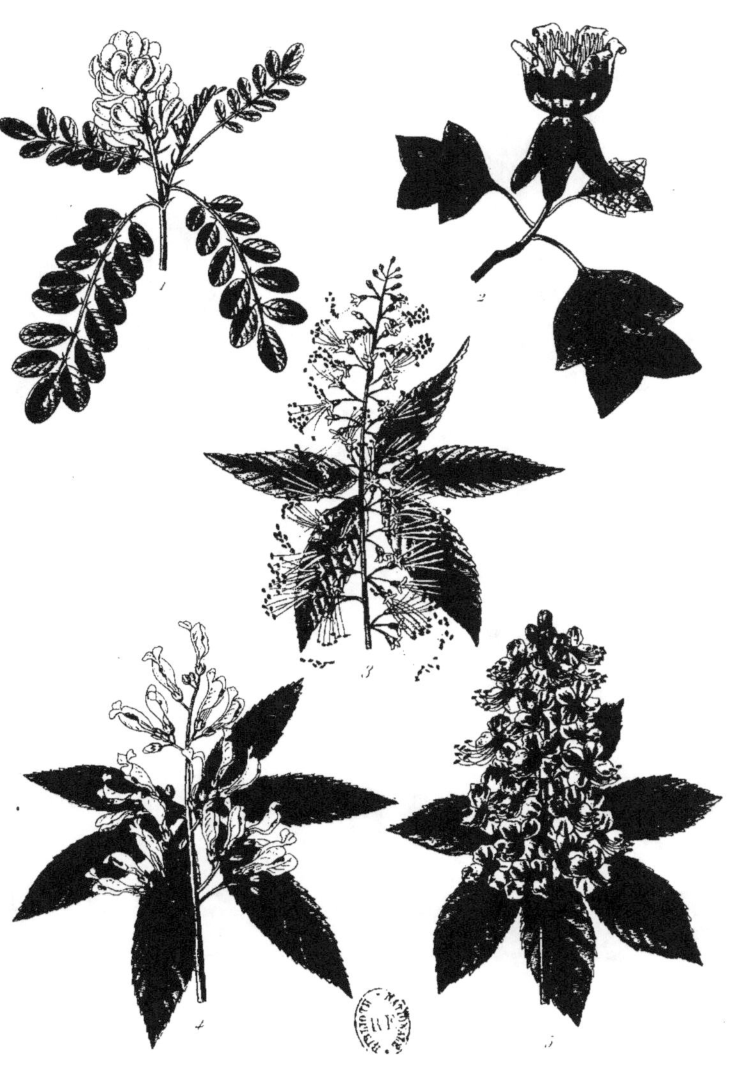

Arbres

1. Robinier visqueux.   3. Pavia macrostachya.
2. Tulipier.   4. —— lutea.
5. Marronnier d'Inde.

ARBRES.

1. — ROBINIER FAUX ACACIA (*Robinia pseudo-acacia*). $^1/_2$ de grandeur naturelle ; *page* 289.

2. — VIRGILIER A BOIS JAUNE (*Cladrastis tinctoria. Virgilia lutea*), $^1/_2$ de grandeur naturelle ; *page* 261.

3. – FUSAIN D'EUROPE (*Evonymus Europœus*), $^1/_2$ de grandeur naturelle ; *page* 268.

4. — HOUX (*Ilex aquifolium*), $^1/_2$ de grandeur naturelle ; *page* 274.

5. — SORBIER DES OISELEURS (*Sorbus aucuparia. Pyrus aucuparia*), $^1/_2$ de grandeur naturelle ; *page* 293.

Arbres

1. Robinier faux acacia.   3. Fusain d'Europe.
2. Laurier toujours vert.   4. Houx.
                5. Sorbier des oiseaux.

ARBUSTES D'ORNEMENT.

1. — DEUTZIA A FEUILLES CRÉNELÉES (*Deutzia scabra. Deutzia crenata*), $^1/_2$ de grandeur naturelle ; *page 264.*

2. — PRUNIER DU JAPON (*Prunus Japonica. Amygdalus pumila*), $^1/_2$ de grandeur naturelle ; *page 286.*

3. — MAHONIE A FLEURS FASCICULÉES (*Mahonia fascicularis*), $^1/_2$ de grandeur naturelle ; *page 279.*

4. — ARBOUSIER (*Arbutus unedo*), $^1/_2$ de grandeur naturelle; *page 251.*

5. — CORONILLE DES JARDINS (*Coronilla Emerus*), $^1/_2$ de grandeur naturelle ; *page 262.*

Arbustes d'ornement.

1. Deutzia scabra.   3. Mahonia fascicularis.
2. Prunus japonica   4. Arbousier
5. Coronilla emerus.

ARBUSTES D'ORNEMENT.

1. — DEUTZIA BLANCHATRE (*Deutzia canescens*), $^2/_3$ de grandeur naturelle ; *page* 264.

2. — KERRIA DU JAPON ou CORÈTE (*Kerria Japonica*), $^2/_3$ de grandeur naturelle ; *page* 275.

3. — BOULE DE NEIGE (*Viburnum opulus*), $^2/_3$ de grandeur naturelle ; *page* 298.

4. — GRENADIER (*Punica granatum*), $^2/_3$ de grandeur naturelle ; *page* 286.

5. — WEIGÉLIA A FLEURS ROSES (*Weigelia rosea*), $^2/_3$ de grandeur naturelle ; *page* 265.

Arbustes d'ornement

1. Deutzia cinaceus.   3. Boule de neige.
2. Kerria Japonica.   4. Grenadier.
5. Weigela rosea.

Lebrun sculp.

ARBUSTES DE PLEINE TERRE.

----

1. — GROSEILLIER DORÉ (*Ribes aureum*), $^2/_3$ de grandeur naturelle ;
　　page 289.

2. — GROSEILLIER SANGUIN (*Ribes sanguineum*), $^2/_3$ de grandeur
　　naturelle ; *page* 289.

3. — KETMIE DES JARDINS (*Hibiscus Syriacus. Althea frutex*),
　　$^1/_2$ de grandeur naturelle ; *page* 273.

4. — ROSIER INDIEN (*Rosa Indica*), $^1/_2$ de grandeur naturelle ;
　　page 290.

5. — COGNASSIER DU JAPON (*Chænomeles. Cydonia Japonica*),
　　page 259.

Arbustes de pleine terre.
1. Groseillier doré   3. Hibiscus syriacus
2. Groseillier sanguin 4. Rosa indica
5. Coignassier du Japon

ARBUSTES DE PLEINE TERRE.

1. — SUMAC FUSTET (*Rhus cotinus*), $^2/_3$ de grandeur naturelle ; *page* 288.

2. — GENÊT D'ESPAGNE (*Genista juncea. Spartium junceum*), $^2/_3$ de grandeur naturelle ; *page* 271.

3. — POIRIER DE LA CHINE (*Malus spectabilis. Pyrus spectabilis*), $^2/_3$ de grandeur naturelle ; *page* 279.

4. — TROÈNE (*Ligustrum vulgare*), $^2/_3$ de grandeur naturelle ; *page* 277.

5. — AUBÉPINE COMMUNE (*Mespilus oxyacantha*), $^2/_3$ de grandeur naturelle ; *page* 263.

Arbustes de pleine terre.

ARBUSTES.

1. — TAMARIX (*Tamarix Gallica*), $^1/_2$ de grandeur naturelle ;
page 296.

2. — GATTILIER ou ARBRE A POIVRE (*Vitex Agnus castus*),
$^1/_2$ de grandeur naturelle ; *page* 298.

3. — ROBINIER HISPIDE ou ACACIA ROSE (*Robinia hispida*), $^1/_2$ de
grandeur naturelle ; *page* 290.

4. — ÉPINE-VINETTE (*Berberis vulgaris*), $^1/_2$ de grandeur naturelle ;
page 252.

5. — LAURIER-TIN (*Viburnum tinus*), $^1/_2$ de grandeur naturelle ;
page 298.

Arbustes

ARBUSTES.

ARBUSTES DE TERRE DE BRUYÈRE.

1. — KALMIE A LARGES FEUILLES (*Kalmia latifolia*), $^1/_2$ de grandeur naturelle ; *page* 275.

2. — AZALÉE DE L'INDE (*Azaleo Indica*), $^1/_2$ de grandeur naturelle ; *page* 251.

3. — BRUYÈRE (*Erica*), $^1/_2$ de grandeur naturelle ; *page* 266.

4. — CAMELLIA DU JAPON (*Camellia Japonica*), $^1/_2$ de grandeur naturelle ; *page* 254.

5. — ROSAGE (*Rhododendron*), $^1/_2$ de grandeur naturelle ; *page* 288.

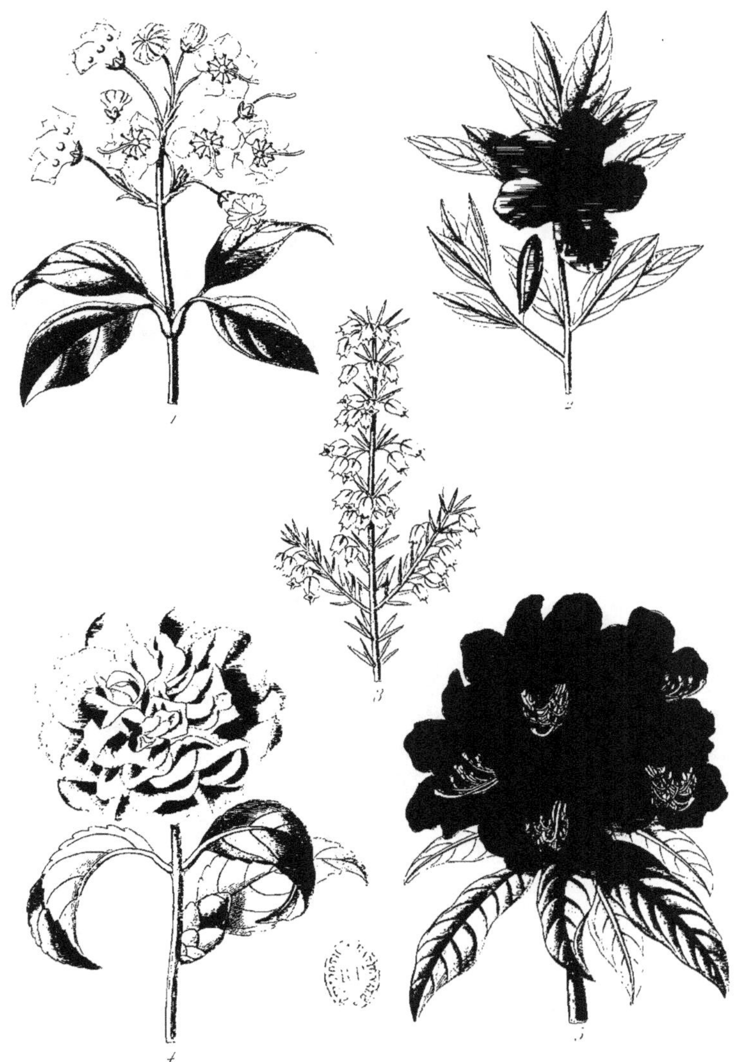

Arbustes de terre de Bruyère

1. Kalmia latifolia.   3. Bruyère.
2. Azalea indica.   4. Camellia.
5. Rhododendrum.

ARBRES VERTS.

1. — IF (*Toxus baccata*), $^1/_3$ de grandeur naturelle ; *page* 305.

2. — GENÉVRIER (*Juniperus communis*), $^1/_3$ de grandeur naturelle ; *page* 302.

3. — CÈDRE DU LIBAN (*Cedrus Libani. Pinus cedrus*), $^1/_3$ de grandeur naturelle ; *page* 301.

4. — ÉPICEA ou SAPIN DE NORWÉGE (*Abies excelsa*), $^1/_3$ de grandeur naturelle ; *page* 299.

5. — PIN DU LORD (*Pinus strobus*), $^1/_3$ de grandeur naturelle ; *page* 304.

PLANTES DE SERRE.

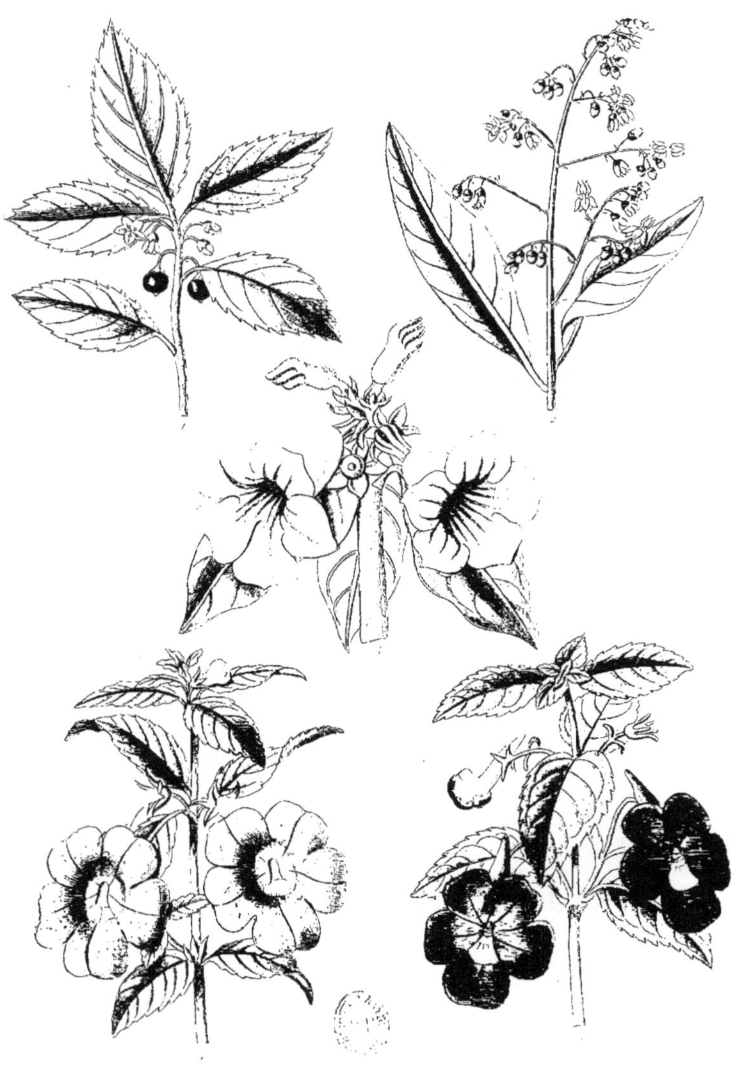

PLANTES DE SERRE.

1. — BANKSIA A FEUILLES EN SCIE (*Banksia serrata*), $^1/_2$ de grandeur naturelle ; *page* 309.

2. — CALADIUM BICOLORE (*Caladium bicolor*), $^1/_2$ de grandeur naturelle ; *page* 310.

3. — BOUGAINVILLÉA FASTUEUX (*Bougainvillea fastuosa*), $^1/_2$ de grandeur naturelle ; *page* 309.

4. — BÉGONIE TOUJOURS FLEURIE (*Begonia semperflorens*), $^1/_2$ de grandeur naturelle ; *page* 309.

5. — BÉGONIE A FEUILLES VARIABLES (*Begonia diversifolia*), $^1/_2$ de grandeur naturelle ; *page* 309.

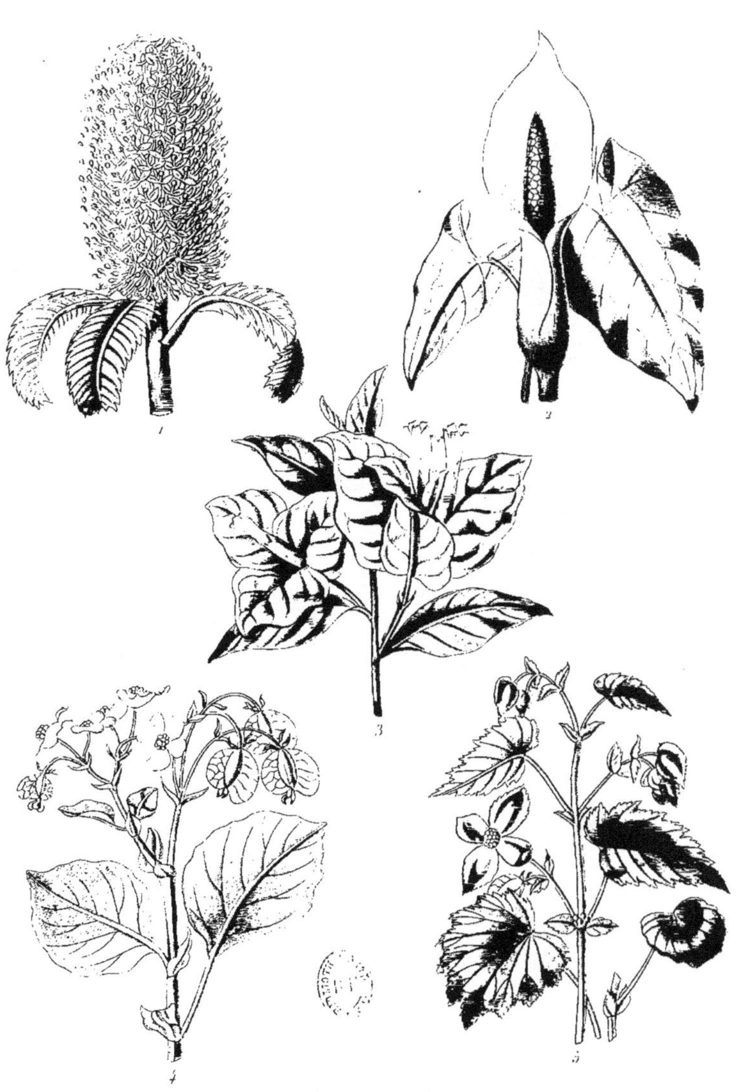

Plantes de serre.

1. Banksia à f.^{lles} en scie. 3. Bougainvillée pust.^{re}
2. Caladium bicolore. 4. Bégonia toujours fleuri
5. Bégonia à f.^{lles} variables.

PLANTES DE SERRE.

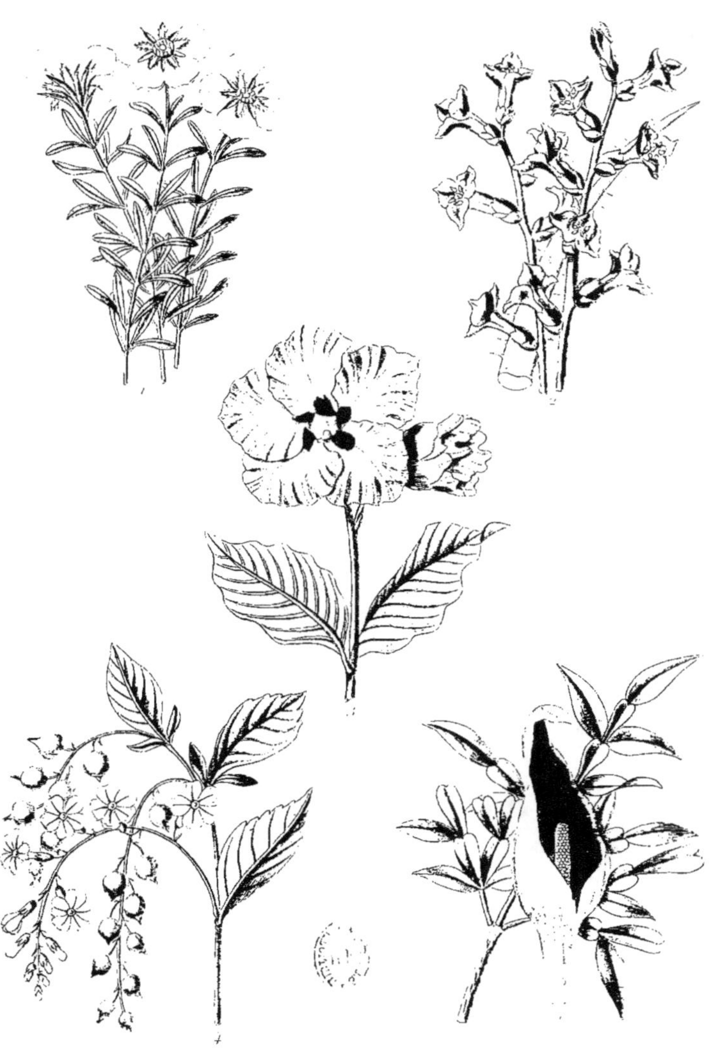

PLANTES DE SERRE.

1. — ERANTHÈME A FEUILLES NERVÉES (*Eranthemum nervosum*), $^1/_2$ de grandeur naturelle ; *page* 315.

2. — GESNÉRIE EN OMBELLE (*Gesneria umbellata*), $^1/_2$ de grandeur naturelle ; *page* 316.

3. — GLOBBA PENCHÉE (*Globba nutans*), $^2/_3$ de grandeur naturelle ; *page* 316.

4. — JAMBOSE, POMME ROSE (*Eugenia Jambos*), $^1/_2$ de grandeur naturelle ; *page* 315.

5. — JAMBOSE DE MALACCA (*Eugenia Malaccensis*), $^1/_2$ de grandeur naturelle ; *page* 316.

PLANTES DE SERRE.

1. — GANDASULI DE GARDNER (*Hedychium Gardnerianum*), $^2/_3$ de grandeur naturelle ; *page* 319.

2. — GANDASULI ORANGÉ (*Hedychium angustifolium*), $^2/_3$ de grandeur naturelle ; *page* 319.

3. — IPOMÉE A FEUILLES DIGITÉES (*Ipomœa digitata*), $^2/_3$ de grandeur naturelle ; *page* 319.

4. — INGA ANOMAL ou A GRANDES FLEURS (*Inga anomala*), $^1/_2$ de grandeur naturelle ; *page* 319.

5. — INGA SUPERBE (*Inga pulcherrima*), $^1/_2$ de grandeur naturelle ; *page* 319.

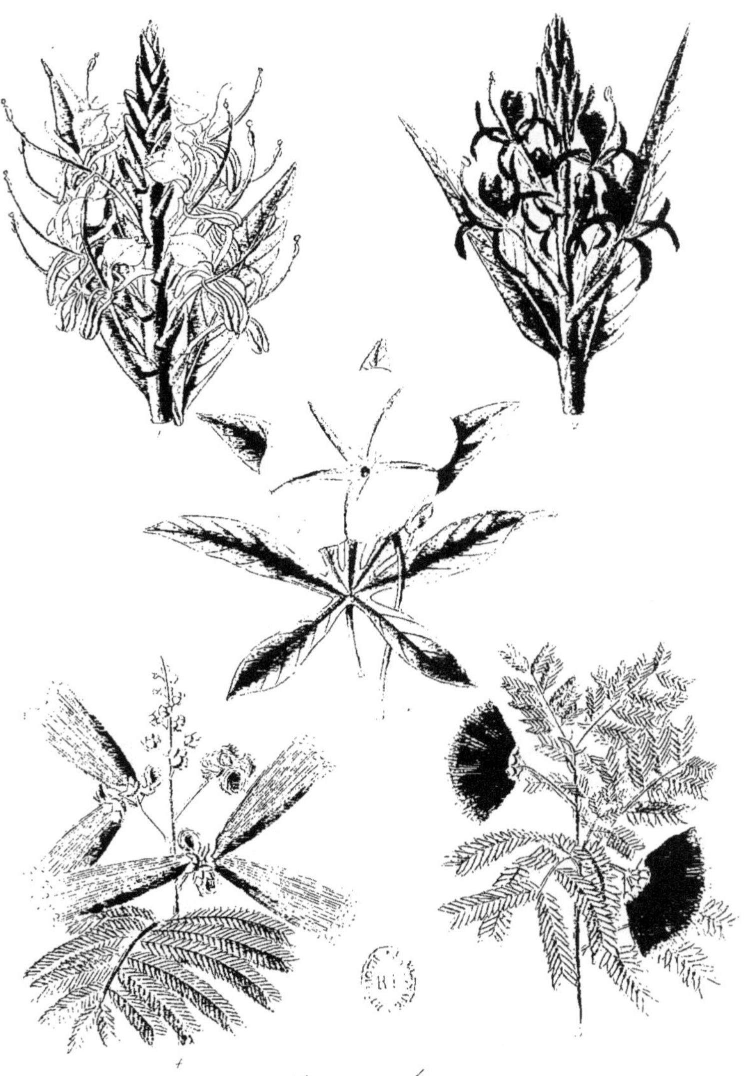

Plantes de serre.

PLANTES DE SERRE.

1. — GIROFLIER (*Caryophyllus aromaticus*), $^1/_2$ de grandeur naturelle; *page* 310.

2. — DIONÉE ATTRAPE-MOUCHE (*Dionea muscipula*), $^1/_2$ de grandeur naturelle ; *page* 313.

3. — SAINFOIN OSCILLANT (*Desmodium gyrans*), $^1/_2$ de grandeur naturelle ; *page* 313.

4. — CAROLINEA DE CAYENNE (*Carolinea princeps. Pachira aquatica*), $^1/_2$ de grandeur naturelle ; *page* 310.

5. — CAROLINEA SUPERBE (*Carolinea insignis. Pachira insignis*), $^1/_2$ de grandeur naturelle ; *page* 310.

Plantes de serre.

PLANTES DE SERRE.

1. — GRÉVILLÉE A FEUILLES DE ROMARIN (*Grevillea rorismari-nifolia*), $^1/_2$ de grandeur naturelle ; *page* 317.

2. — GRÉVILLÉE ROBUSTE (*Grevillea robusta*), $^1/_2$ de grandeur naturelle ; *page* 317.

3. — HABROTHAMNE ÉLÉGANT (*Habrothamnus elegans*), $^1/_2$ de grandeur naturelle ; *page* 318.

4. — GUZMANIE TRICOLORE (*Guzmannia tricolor*), $^1/_2$ de grandeur naturelle ; *page* 317.

5. — GLOXINIE MACULÉE (*Gloxinia maculata*), $^1/_2$ de grandeur naturelle , *page* 317.

Oudet sculp.

PLANTES DE SERRE.

---

1. — JASMIN D'ARABIE (variété) (*Jasminum Sambac*), $^2/_3$ de grandeur naturelle ; *page 319*.

2. — MANIOC ou CASSAVE (*Manihot edulis. Jatropha Manihot*), $^2/_3$ de grandeur naturelle ; *page 320*.

3. — MÉDICINIER (*Jatropha acuminata*), $^2/_3$ de grandeur naturelle ; *page 320*.

4. — CARMANTINE ROUGE (*Justicia quadrifida*), $^2/_3$ de grandeur naturelle ; *page 320*.

5. — CARMANTINE PEINTE (variété) (*Justicia picta*), $^2/_3$ de grandeur naturelle ; *page 320*.

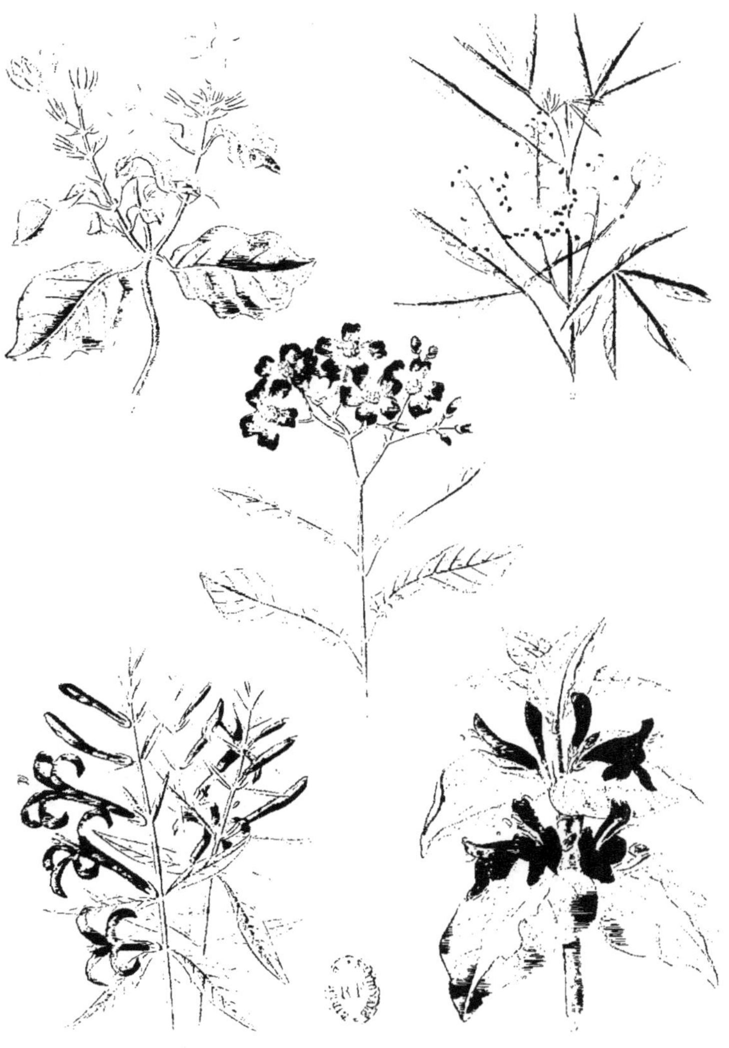

PLANTES DE SERRE.

1. — KEMPFÉRIE A FEUILLES LONGUES (*Kœmpferia longa*), $^1/_2$ de grandeur naturelle; *page* 320.

2. — PASSIFLORE ÉCARLATE (*Passiflora coccinea*), $^1/_2$ de grandeur naturelle; *page* 323.

3. — FRANGIPANIER (*Plumeria rubra*), $^1/_2$ de grandeur naturelle; *page* 324.

4. — PROTÉE ARGENTÉE (*Protea argentea. Leucadendron argenteum*), $^1/_2$ de grandeur naturelle; *page* 324.

5. — PROTÉE LAGOPÈDE (*Protea lagopus*), $^1/_2$ de grandeur naturelle; *page* 324.

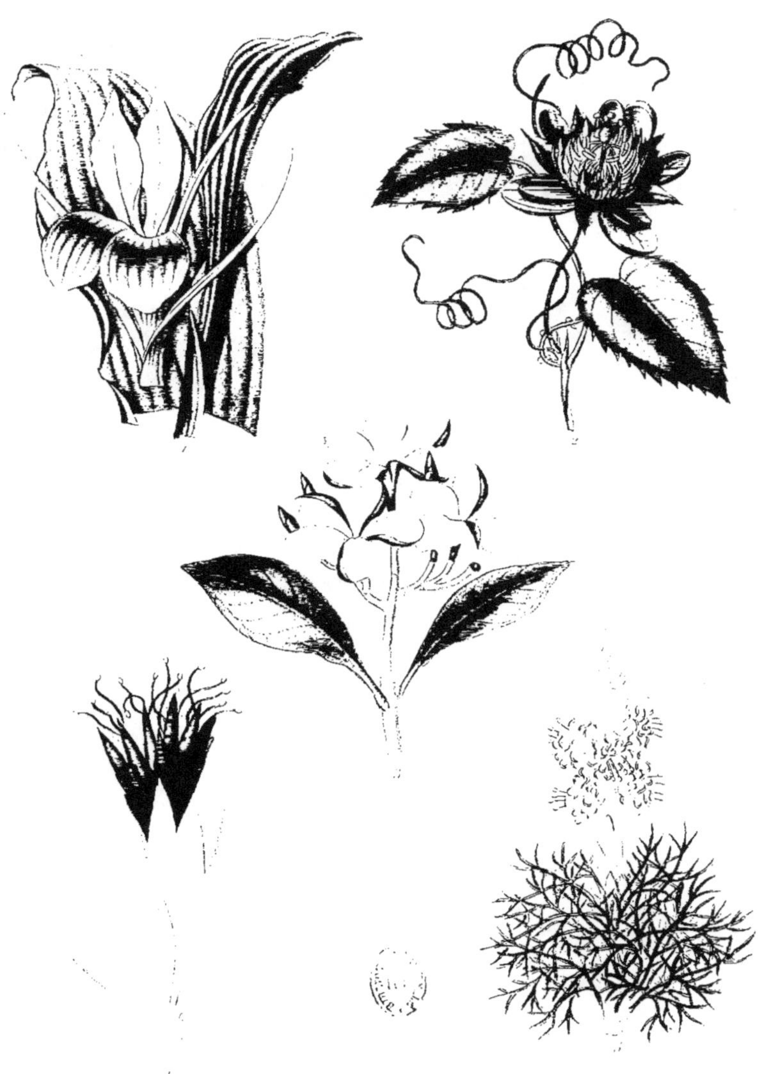

Plantes de serre.

1. Scuaffera à f^{lles} longues   3. Frangipanier.
2. Nicoflea écarlate   4. Protée argentée.
5. Protée Lagopode.

PLANTES DE SERRE.

1. — RIVINE COTONNEUSE (*Rivina humilis*), $^2/_3$ de grandeur naturelle ; *page* 325.

2. — RUSSÉLIE JONC (*Russelia juncea*), $^2/_3$ de grandeur naturelle ; *page* 325.

3. — STRELITZIA DE LA REINE (*Strelitzia reginæ*), $^1/_3$ de grandeur naturelle ; *page* 326.

4. — QUISQUALIS DE L'INDE (*Quisqualis Indica*), $^2/_3$ de grandeur naturelle ; *page* 325.

5. — GOYAVIER (*Psidium pyriferum*). $^2/_3$ de grandeur naturelle ; *page* 325.

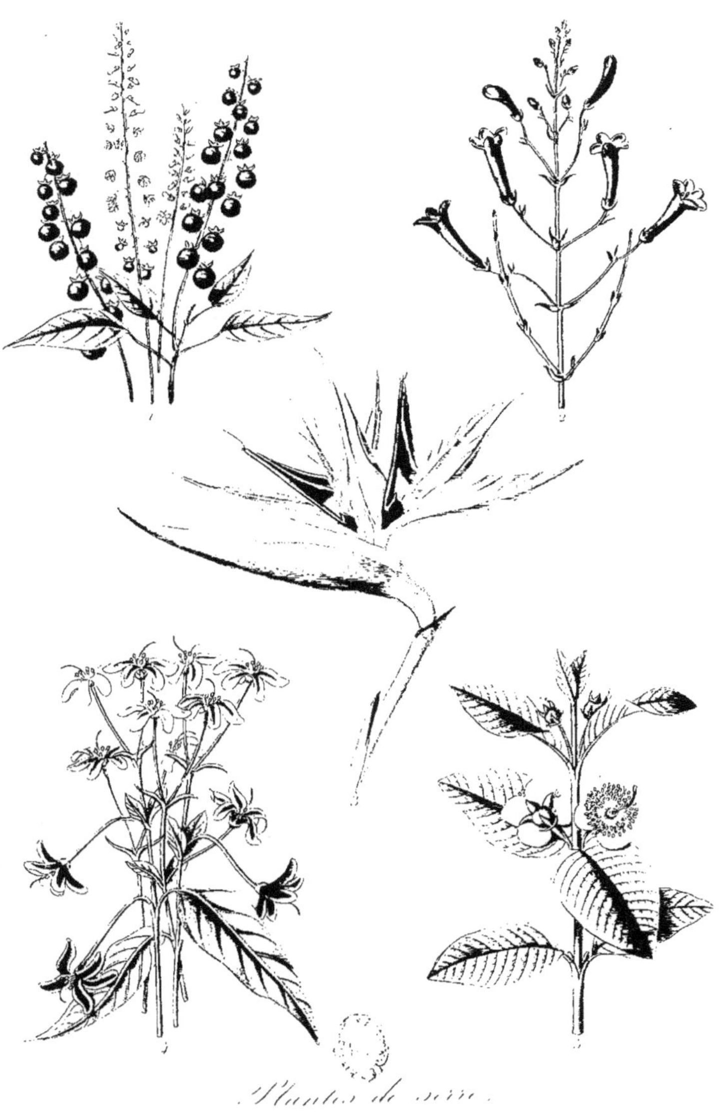

Vaubert pinx.

Perre sculp.

NOTIONS GÉNÉRALES D'HORTICULTURE
D'ORNEMENT

MARCOTTES ET BOUTURES.

1. — Marcottage en l'air, de plante grimpante, à l'aide d'un pot fendu sur le côté, et d'un support élevé ; *page* xxxiii des Notions générales.

2. — Marcottage double, en l'air, à l'aide de trois pots dont deux suspendus et fixés à l'aide de montants ; *page* xxxiii.

3. — Marcottage par cépée et en terrine ayant au fond un orifice, d'après Thouin ; *page* xxxiv.

4. — Rameau sur lequel on a pratiqué l'incision annulaire ; *page* xl.

5. — Rameau d'OEillet incisé et disposé pour marcotte ; *pages* xxxv et suivantes.

6. — Écaille d'un oignon de Lis blanc à l'extrémité de laquelle s'est formé un bourgeon adventif (Caïeu) ; *pages* xxvii, xlviii et lii.

7. — Bouture à l'aide d'un rameau souterrain (Oxalis) ; *page* xlviii.

8. — Bouture de Laurier-Rose, faite dans un bocal rempli d'eau ; *page* xlix.

9. — Rameau de Muflier préparé pour bouture ; *pages* xlvii et l.

10. — Tronçon de Rosier pour bouture ; *page* xlviii.

11. — Portion de rameau de Glycine pour bouture ; *page* xlvi.

12. — Feuille de Gloxinia coupée en 4 pour bouture (Formation de bourrelets) ; *page* lii.

13. — Bouture de Rosier par tronçon de Rameau à un œil enterré. Dans cette bouture le tronçon doit être couché horizontalement et légèrement recouvert de terre ; *pages* xlvii et xlviii.

14. — Portion de rameau de Dracœna ou Dragonier préparé pour bouture, dite bouture de rameau à deux feuilles ; *pages* li et lii.

15. — Bouture de Rosier avec tronçon de rameau un peu long, piqué en terre comme bouture ordinaire, l'œil se trouvant hors du sol ; *page* xlvii.

16. — Feuille de Bégonia appliqué sur le sol et maintenu par des baguettes et des crochets ; des incisions faites sur les nervures de l'une ou l'autre face donnent naissance à des bourrelets ; *page* lii.

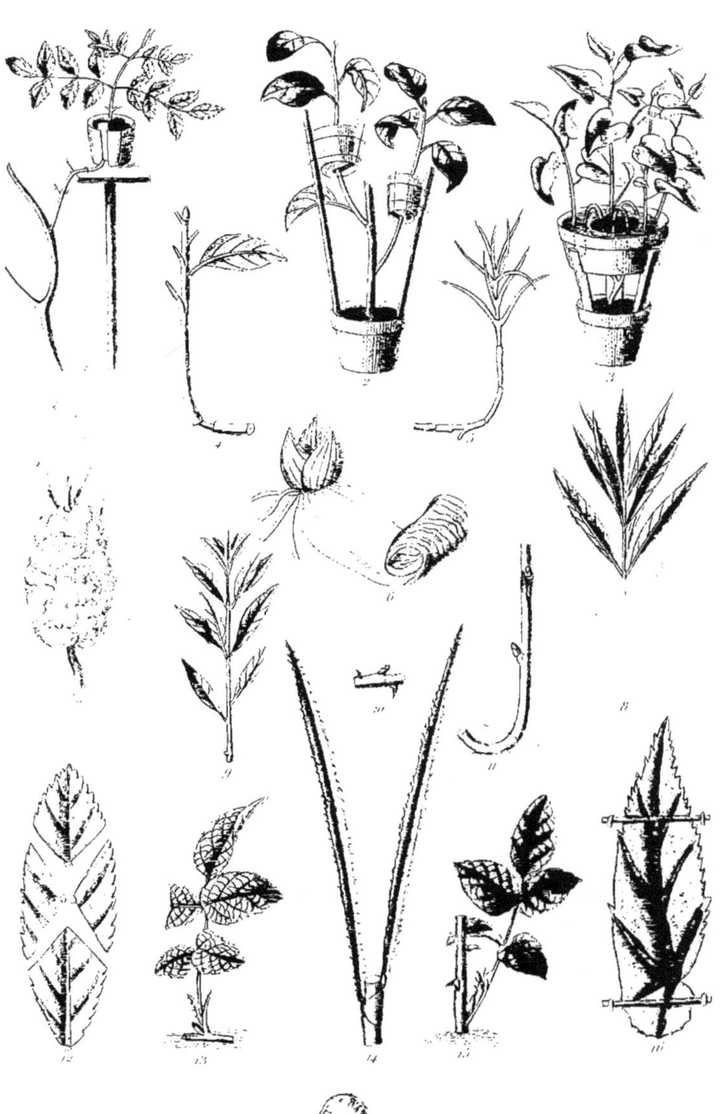

Marcottes et Boutures.

NOTIONS GÉNÉRALES D'HORTICULTURE D'ORNEMENT

GREFFES

---

1. — Sujets préparés pour la greffe en approche (Camellia) ; *page* LVII des Notions générales.

2. — Greffe en approche (Camellia); *page* LVII.

3. — Rameau de Dahlia préparé pour greffe; *page* LVIII.

4. — Greffe du Dahlia sur tubercules; *pages* LVIII et suivantes.

5. — Greffe en fente sur racines; *page* LIX.

6 et 6 bis. — Préparation pour la greffe en placage (Azalée); *page* LXI.

7. — Greffe en placage achevée (Azalée); *pages* LX et LXI.

8. — Écusson de Rosier préparé et vu de profil; *page* LIX.

9. — Rameau de Rosier sur lequel on a pratiqué l'incision en T pour recevoir l'écusson; *pages* LIX et LX.

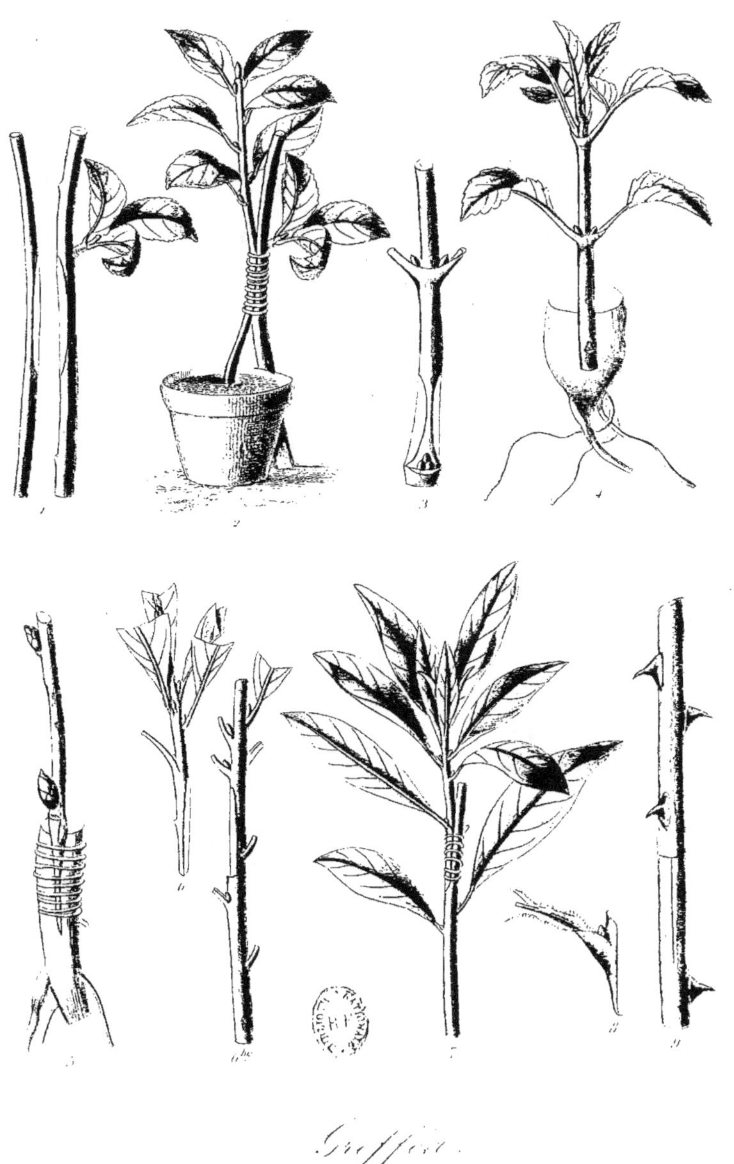

Greffes.

TABLE

DES PLANCHES ET DES FIGURES DE L'ATLAS

DES VÉGÉTAUX D'ORNEMENT

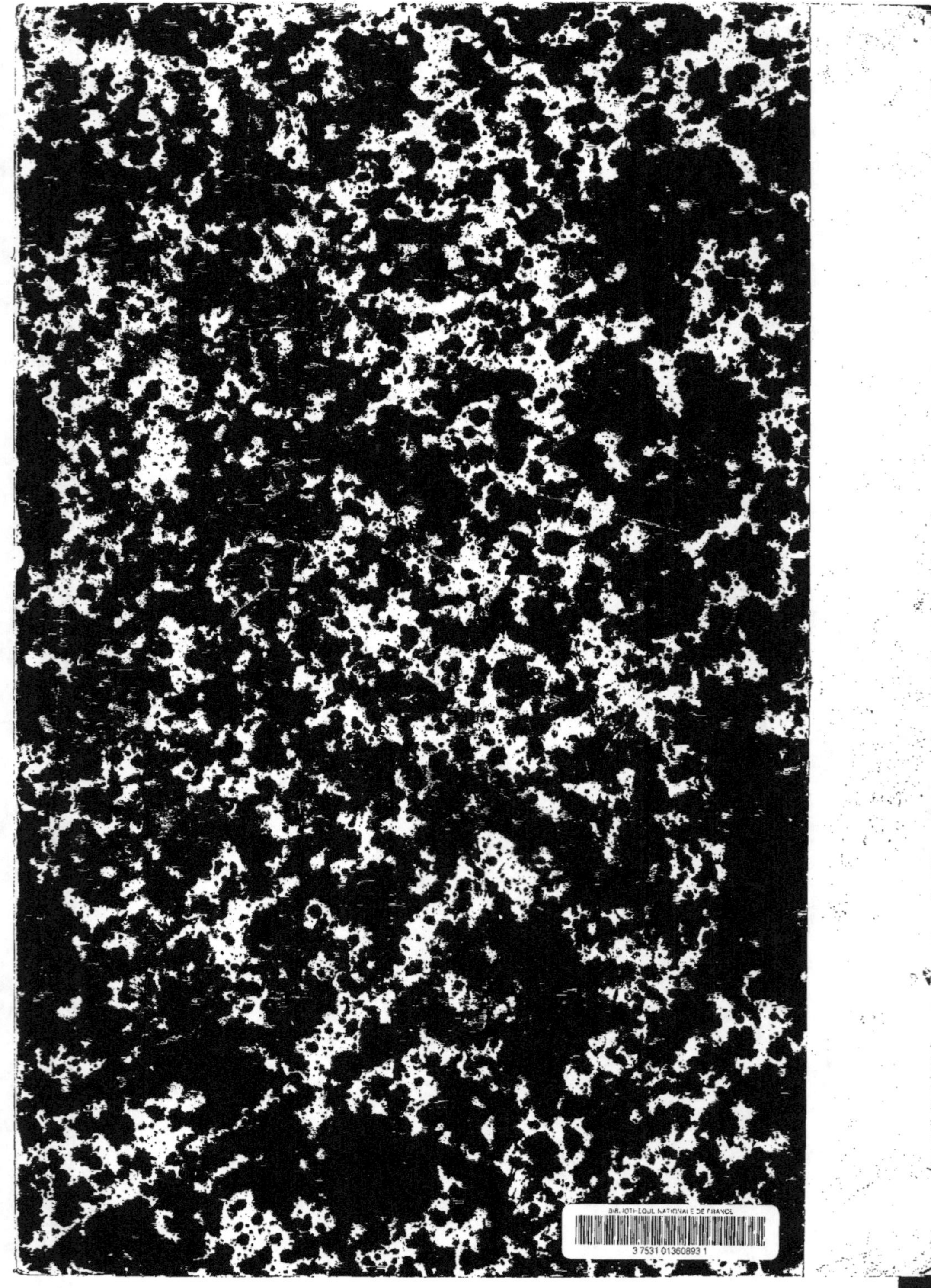